CON GRIN SUS CONOCIMIENTOS VALEN MAS

- Publicamos su trabajo académico, tesis y tesina

- Su propio eBook y libro - en todos los comercios importantes del mundo

- Cada venta le sale rentable

Ahora suba en www.GRIN.com
y publique gratis

Bibliographic information published by the German National Library:

The German National Library lists this publication in the National Bibliography; detailed bibliographic data are available on the Internet at http://dnb.dnb.de .

This book is copyright material and must not be copied, reproduced, transferred, distributed, leased, licensed or publicly performed or used in any way except as specifically permitted in writing by the publishers, as allowed under the terms and conditions under which it was purchased or as strictly permitted by applicable copyright law. Any unauthorized distribution or use of this text may be a direct infringement of the author s and publisher s rights and those responsible may be liable in law accordingly.

Imprint:

Copyright © 2008 GRIN Verlag

Print and binding: Books on Demand GmbH, Norderstedt Germany
ISBN: 9783346065469

This book at GRIN:

https://www.grin.com/document/507865

Eduardo Garcia-Prieto Fronce

Psilotum nudum. Descripción, taxonomía y filogenia

Nuevas perspectivas establecidas por los datos moleculares

GRIN Verlag

GRIN - Your knowledge has value

Since its foundation in 1998, GRIN has specialized in publishing academic texts by students, college teachers and other academics as e-book and printed book. The website www.grin.com is an ideal platform for presenting term papers, final papers, scientific essays, dissertations and specialist books.

Visit us on the internet:

http://www.grin.com/

http://www.facebook.com/grincom

http://www.twitter.com/grin_com

Psilotum nudum (L.) P.Beauv.

Descripción, taxonomía y filogenia. Nuevas perspectivas establecidas por los datos moleculares.

Eduardo García-Prieto Fronce

Proyecto Fin de Carrera de Biología 2008

Itinerario: Biología Evolutiva y Biodiversidad

Universidad Autónoma de Madrid

Índice

Palabras clave Psilotaceae Filogenia y Evolución Vegetal Monilophyta Fósil Viviente Planta Vascular Rhyniophyta Progimnosperma

Introducción

Psilotum nudum es una planta vascular dispersora de esporas, con una organización estructural básica: ramificación dicótoma, sin raíces ni hojas, estela simple, eusporangios terminales, isosporeos y gametofito vascularizado; de apariencia macroscópica similar a la de los fósiles Siluro-Devónicos (400 M.a.), las Rhyniophyta, que se piensa que fueron las primeras plantas vascularizadas terrestres [37]. Por este motivo ha sido objeto de numerosas investigaciones evolutivas y abundante reflexión filogenética.

En esta revisión bibliográfica se expone una amplia descripción de *Psilotum nudum*, se analizan los fundamentos de las interpretaciones filogenéticas que se han propuesto y los procesos evolutivos de algunos de sus caracteres. Se muestran sucintamente los resultados obtenidos de los análisis cladísticos en los que se ha incluido a este género, a partir de datos genético-moleculares, morfológicos, bioquímicos y de caracteres citológicos de espermiogénesis. Discutiendo posteriormente las contradicciones y disconformidades de cada propuesta, que refutan los argumentos y pruebas que defienden cada teoría.

La razón de este estudio era intentar desvelar el origen y filogenia de *P.nudum*, empíricamente difícil de esclarecer por la falta absoluta de registros que se consideren fósiles de este grupo. *P.nudum* al ser una de las plantas vasculares más sencillas, han llevado a muchos botánicos evolucionistas a considerarla [48,22] como un fósil viviente en estasis morfoestrctural desde hace 400 M.a., descendientes directos de los Rhyniophyta. En mi opinión esta idea paradójica de los fósiles vivientes choca con algún principio de la teoría sintética de la evolución biológica, en la que cada generación se somete al filtro de la selección natural, en busca siempre de una mayor adaptabilidad (fitness), y es difícil de concebir que los organismos se mantengan inalterados e inalterables ante los ambientes cambiantes que han acontecido. Y en el supuesto de que esta apariencia primitiva no fuese debida a una invariabilidad perpetua con una ínfima evolución de caracteres, sino que fuese producto de sucesivos cambios adaptativos, entraría en conflicto con otro principio, el de la irreversibilidad de la evolución, ya que *P.nudum* posee un fenotipo extremadamente similar al de fósiles del Devónico Inferior (400 M.a.). Aunque se conocen varios ejemplos de reversión evolutiva, por procesos de simplificación de estructuras, en el mundo vegetal [22].

Esta oposición sustancial a ciertos conceptos evolutivos que genera este organismo es lo que despierta mi interés para realizar este estudio.

Pero P.nudum, además de las similitudes con los fósiles Devónicos, muestra caracteres peculiares, algunos únicos en su especie [45], y otros que comparte con distintos vegetales, que han provocado la proposición de hipótesis de afinidad filogenética de diverso ámbito, como las semejanzas interpretadas por Bierhorst [13] de caracteres y desarrollo del gametofito y el embrión de Psilotaceae con algunos géneros del Orden Filicales, que cambió la perspectiva filogenética y taxonómica, estimando que los caracteres aparentemente primitivos de Psilotaceae eran en realidad caracteres derivados desde Filicales hacia esa simplificación.

Además en esta obra se analizan y discuten los datos aportados por las contemporáneas comparaciones de secuencias génicas [69,88], que emparentan a Psilotaceae con Ophioglossaceae, una familia con la que nunca se le había ligado por sus caracteres morfológicos. Estos análisis las sitúan como basales del grupo monofilético de las Monilophytas (que serían los anteriormente llamados Pteridofitos sin los lycófitos) marcando una revolución en cuanto a su posición taxonómica y a sus relaciones filogenéticas. Y estas nuevas aportaciones implican la necesidad de explicar aquellas semejanzas morfoestructurales que hicieron sugerir las hipótesis de parentesco precedentes.

Como conclusiones se enumeran las principales hipótesis de relaciones filogenéticas que se han planteado para este género, infiriendo que es imposible en este momento la elaboración de una teoría unificada por las vigorosas incompatibilidades entre unas y otras. No pudiendo tampoco descartar tajantemente ninguna de las hipótesis expuestas. Opinar que no se deben aceptar unánimemente los resultados moleculares, excluyendo desconsideradamente las comparaciones de observaciones morfoanatómicas precedentes. Y planteando nuevas líneas de investigación para intentar esclarecer el significado de las similitudes de caracteres de *P.nudum* con los organismos con los que se ha hipotetizado su parentesco, así como indagar si los caracteres de Psilotaceae y Ophioglossaceae son homólogos respecto a su genética de desarrollo mediante estudios de la evolución de estos mecanismos genéticos.

Objetivos

- Elaborar una descripción completa del género *Psilotum* a partir de la revisión e integración de los datos morfoestructurales y anatómicos publicados.
- Analizar los fundamentos en los que se basan las propuestas sobre el origen y las presumibles relaciones filogenéticas de las Psilotaceae.
- En base a estos análisis y mediante la recapitulación de otros datos experimentales, intentar plantear una hipótesis y sus posibles vías de investigación.

Material y métodos

Para la realización de esta revisión bibliográfica se ha recurrido a las bases de datos electrónicas y físicas del catálogo de la biblioteca de la Universidad Autónoma de Madrid y de las bibliotecas del CSIC, especialmente la del Real Jardín Botánico de Madrid, así como a diversas páginas web de instituciones científicas internacionales de reconocida solvencia. Todo el material bibliográfico queda censado en el apartado de bibliografía utilizada.

A) Obtención y ordenación de material bibliográfico: Los objetivos que se pretenden alcanzar requieren una indagación bibliográfica adecuada cuya prospección se planificó en cinco niveles o bloques temáticos, atendiendo al tipo de datos que se requieren para la elaboración del presente proyecto:

1º - Recopilación de materiales biblográficos botánicos básicos, referidos a los aspectos descriptivos clásicos: morfológicos y anatómicos, citogenéticos y corológicos.

2º - Selección de análisis cladísticos de datos moleculares de distintas secuencias genómicas plastidiales, mitocondriales y nucleares, así como análisis bioquímicos de enzimas, histonas y sustancias del metabolismo secundario propias de este grupo.

3º - Recapitulación de los datos nomenclaturales y taxonómicos.

4º - Búsqueda y recopilación de las interpretaciones evolutivas y los fundamentos de las hipótesis filogenéticas propuestas.

5º -Hallazgo de otros datos y cladogramas importantes para la discusión.

B) Revisión y análisis de todos los datos obtenidos para el género.

C) Síntesis y estructuración para la elaboración de posibles conclusiones.

Resultados

1- Descripción de *Psilotum nudum*

- Morfoestructura y anatomía de la fase esporofítica.

Presenta un sistema basal de rizomas bifurcados enterrado en el suelo o humus, del que parten erguidas las regiones aéreas verdes (10 cm a 1 m. de altura x 1,5-2 mm de anchura), que se ramifican dicotomicamente (figura 1-A pág. 5). Poseen apéndices de dos clases, unos simples estériles, y otros bífidos que sustentan los sinangios trisporangiados adaxialmente (fig. 2-D pág. 6). No posee raíces, el rizoma mantiene la planta en el substrato y los rizoides unicelulares asociados a micorrizas arbusculares intracelulares [97] sirven de estructuras de absorción.

El sistema vascular de *P. nudum* va cambiando a lo largo de la planta. El rizoma esporofítico desarrolla una haplostela de xilema exarco, el protoxilema consta de traqueidas anilladas y espiraladas, y el metaxilema de traqueidas escalariformes, todas lignificadas. En los ejes aéreos la haplostela se va lobulando, formando una actinostela exarca multipolar (hasta 10 polos protoxilemáticos), que en raras ocasiones es mesarca en la base de los ejes. Según se ramifica el tallo se aprecia una médula de esclerénquima dentro de la estela (fig. 2-E pág 6), por lo que se convierte en una sifonostela exarca (y ectofloica). En las partes más distales y pequeñas es una protostela (pierde la médula). El haz vascular que se bifurca hacia el sinangio trisporangiado se divide en tres haces mesarcos (uno por cada esporangio). La expansión bífida adaxial que sustenta los sinangios no está vascularizada. El cilindro xilemático está rodeado en toda la planta de un anillo floemático de células cribosas dispersas, con la pared engrosada y sin calosa [65]. En la base de los ejes, el leño primario está rodeado de traqueidas esparcidas que se interpretan como vestigio de un leño secundario ancestral [1,15,16].

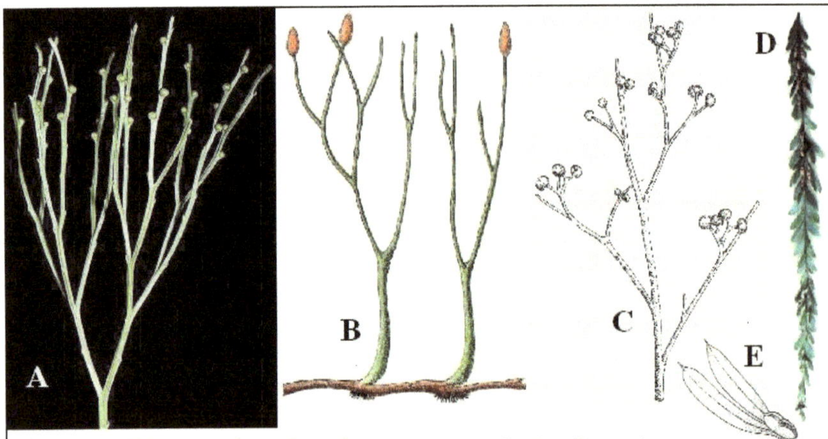

Figura 1. A: *Psilotum nudum.* Hábito de ejes aéreos ramificados dicotomicamente, con eusporangios trisporangiados. **B:** *Rhynia major.* Reconstrucción del fósil del Devónico (400 M.a.) **C:** *Renalia hueberi.* Reconstrucción de la parte aérea del fósil Devónico (395 M.a.) con eusporangios terminales en ramas que tienden a reducirse. **D:** *Tmesipteris tannensis* (Swartz) Hábito colgante con apéndices o expansiones uninervadas estériles y apéndices bilobulados fértiles (imagene **E**) que sustentan los sinangios bisporangiados. A: extraído de la página web de la Universidad de Hawaii.B: Según Stewart & Rothwell 1993. C: Según Gensel 1976. D: Extraído de la web de la Universidad de Wisconsin. E: Extraído de Carrión 2003.

Rodeando la estela hay un parénquima, las células están elongadas verticalmente, con paredes gruesas y pocos espacios intercelulares. Más externamente, las células aumentan los espacios intercelulares entre ellas, también tienen las paredes gruesas y poseen un gran número de gránulos de almidón.

La epidermis rodea toda la región aérea, con paredes celulares cutinizadas cubiertas de cutícula. La parte basal del tallo es cilíndrica, y a veces aplanada o de sección triangular, dependiendo de la variedad. Los estomas de estructura simple, no poseen ningún tipo de célula especial subsidiaria [64]. Los apéndices estériles (1-1,5 mm) tienen células parenquimáticas fotosintéticas, y demás tejidos idénticos a los ejes, salvo el tejido vascular. Sin embargo, se han visto trazas vasculares (expansiones de la protostela) que se dirigen hacia los apéndices, finalizando en la base de éstos sin llegar a alcanzarlos, en *P.flaccidum* y *P.complanatum* [74].

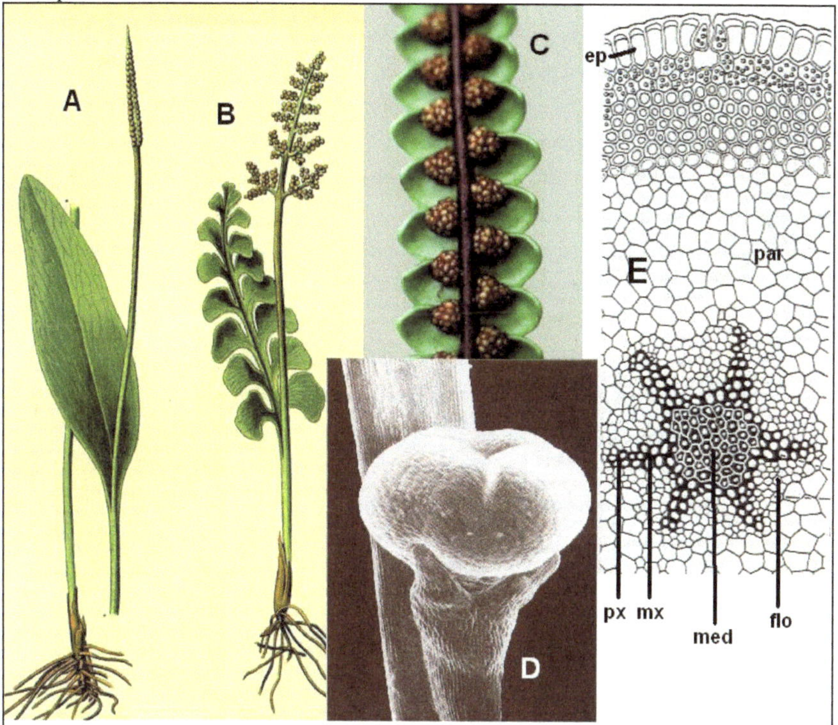

Figura 2. A y B: Ophioglossaceae (A: Género Ophioglossum B: Botrichium). C: Género Stromatopteris (Familia Gleichenaceae del Orden Filicales). D y E: Psilotum nudum. D: Microfotografía electrónica del sinangio con la estructura bífida sustentándolo. E: Corte transversal del eje aéreo a 10 cm con actinostela (o sifonostela). px: Protoxilema. mx: Metaxilema. med: Médula. flo: Floema. par: Parénquima. ep: Epidermis. A y B: Wilhelm Thomé 1885. C: extraída de www.pbase.com. D: Stewart & Rothwell 1993. E: Carrión 2003.

- Estructuras reproductoras del esporofito.

Los esporangios son de tipo eusporangiado, sin indusio, que se presentan encapsulados en sinangios globosos en número de tres, y en raras ocasiones de dos o cuatro. La estructura sinangial mide 1-1,5 mm y está sustentada adaxialmente por un apéndice bifurcado (fig. 2-D pág 6). No hay verdadero tapete, es un tapete plasmodial, un fluido irregular nutritivo entre las capas del esporangio y los esporocitos [14]. Los esporangios se abren por fisuras longitudinales. Las isósporas son monoletas, ovoides o reniformes, subapicales con perisporio rugulado, y superficie poco ornamentada. Hay más de mil por esporangio, y miden 50-80 µm.

- Morfoestructura y órganos reproductores del gametofito.

El protalo gametofítico mide 2-6 x 0,5 mm, es axial, fusiforme y con simetría radial, está formado por células isodiamétricas y rizoides. Es incoloro y subterráneo con nutrición heterótrofa de los productos de la simbiosis con hongos en su corteza. No suelen estar vascularizados, sin embargo Holloway [39], descubrió en Nueva Zelanda, protalos anormalmente grandes (>1 mm de ancho), provistos de una estela central de algunas traqueidas anilladas y escalariformes rodeadas de un poco de floema y un endodermo. A veces la estela se reduce a algunas células alargadas indiferenciadas. Estos protalos vascularizados eran diploides, y sus esporofitos correspondientes tetraploides.

Dioico, un mismo gametofito produce anteridios y arquegonios. Los arquegonios se forman después que los anteridios, tienen un cuello de 4 a 6 células caduco (carácter raro en el resto de Monilophyta, también lo tiene el briófito *Anthocerota*) [23]. Los espermatozoides son multiflagelados. El embrión es exóscopo sin suspensor.

- Ciclo vital.

Digenético heteromórfico, con alternancia de generaciones diplo-haplofásica con "dominancia" esporofítica en cuanto al tamaño, pero en cuanto al tiempo, es difícil de estudiar al ser los gametofitos subterráneos; se piensa que esta fase gametofítica es muy longeva comparada con las demás plantas vasculares actuales, de hasta tres años; y el esporofito al ser su hábitat térmica e hídricamente estable es perenne con yemas de renovación durante todo el año, caducando los ejes aéreos cada dos años. El esporofito produce isósporas de dispersión anemócora que germinan dando lugar al gametofito [5], que subterráneamente produce arquegonios y anteridios. La oosfera del arquegonio es fecundada por un anterozoide, y de la fecundación, el zigoto diploide desarrolla el esporofito. El desarrollo del embrión esporofítico hasta que emerge a la superficie dura varios años. También posee reproducción asexual por medio de gemas que produce el esporofito.

- Asociación micorrícica.

Ambas fases, esporo y gametofítica poseen asociaciones con micorrizas arbusculares intracelulares [97,8]; dispuestas en las células del parénquima cortical del rizoma esporofítico y de los gametófitos subterráneos de *Psilotum* y *Tmesipteris*. El hongo es de la División Glomeromycota de "tipo Paris" [87], formando densas acumulaciones de hifas no septadas que se diferencian en vesículas multinucleadas que contienen bacterias y acumulan masas lipídicas que cristalizan a medida que envejecen [27].

• Datos citogenéticos.

Su citogenética es muy variable, caracterizada por un gran número de cromosomas (casos tetraploides, hexaploides y octoploides [20]) y un alto valor C (72,7 pg, el más grande de los hallados en Monilophyta [55].

2n = 96, c.100, 104, c.156, c.200, 210, c.307 y c.468 [87]; n = 52, c.100, 104, c. 210.

• Hábitat: Distribución y localización.

Su distribución es pantropical y subtropical [38], encontrándose en las Bermudas, Corea del Sur, E.E.U.U. (Florida y Hawái) y en Japón (norte de Okinawa). También se ha localizado (atribuido a la mano del hombre para ornamentación) en E.E.U.U. (Basutoland, Texas, Arizona), en Nigeria y en España, en el Parque Natural de los Alcornocales entre Cádiz y Málaga [3] (La variante de la península ibérica se ha descrito como molesworthae por Salvo, Iranzo y Prada en 1984 [83], la única población europea de esta especie relíctica paleotropical [5]).

Crecen como epífitas en lo alto de helechos arborescentes, palmeras o en la base de los árboles, y también en grietas, cavidades, acantilados de arenisca y depósitos volcánicos [39].

• Nomenclatura.

En los siguientes subapartados de nomenclatura y posición taxonómica de *Psilotum* referenciaré autores citados de acuerdo con Flora Ibérica [32] y Flora Europaea [31] que no aparecen reflejados directamente en la bibliografía de esta obra.

Esta planta fue descrita por Linneo [56] en 1753 como *Lycopodium nudum*. En 1801, Swartz describió el género *Psilotum* designando como especie tipo *Psilotum triquetrum*.

Palisot de Beauvois en 1805 al reconocer que el taxón linneano correspondía al nuevo género descrito por Swartz, subordina a éste su epíteto específico, quedando finalmente la nueva combinación como *P. nudum* (L.) P.Beauv., nombre científico correcto y admitido unánimemente hasta nuestros días. El basiónimo *Lycopodium nudum* y *Psilotum triquetrum*, son por tanto nombres científicos sinónimos, claros exponentes de los primeros avatares interpretativos.

• Posición de *Psilotum* en las clasificaciones taxonómicas.

En 1855 Griff & Henfr. instauraron la familia Psilotaceae que contiene dos géneros, *Psilotum* y *Tmesipteris* (Swartz). El Orden Psilotales se propone en 1883 por Prantl, y tiene una sola familia, Psilotaceae. Posteriormente se establece la Clase Psilotopsida, también monotípica, en 1909 por Scott. Y finalmente la División Psilophyta (=Psilotophyta) en 1927 por Heintze. Estas categorías taxonómicas manifiestan las singularidades del género y la dificultad para encontrar relaciones de afinidad con otros grupos de plantas vasculares dispersoras de esporas. Si bien la familia Psilotaceae está bien afianzada y aceptada con unanimidad por parte de los taxónomos, no ocurre lo mismo en lo referente a su posición sistemática de alto rango, como por ejemplo Abbayes [1] que propuso que el Orden Psilotales está dentro de la

Clase Psilofitíneas junto con el Orden Rhyniales (fósiles del Devónico), o la propuesta de Bierhorst [11] de considerar Psilotaceae dentro de la clase de Filicopsida, o la propuesta más extendida [93,43] de considerar Clase Psilotopsida dentro de la División Pteridophyta junto con las clases Lycopodiopsida, Equisetopsida y Filicopsida.

Para establecer un consenso manejaremos la clasificación taxonómica publicada recientemente de Smith et al. 2006 [88], basada en los datos moleculares y morfológicos. Las plantas vasculares (División Tracheophyta) se dividen en dos grupos monofiléticos, (Subdivisión) Lycophytina y Euphylophytina. Dentro de Euphylophytina se divide en dos grupos (Infradivisiones), Espermatomorpha y Monilimorpha (coloquialmente espermatofita y monilofita). El grupo monofilético Monilophyta (=Moniliformopses, sensu Kendrick & Crane [48], procedente del latín, forma de collar de los lóbulos de protoxilema en un corte transversal del tallo), lo componen cuatro clases:

- Clase Psilotopsida: Compuesta de dos órdenes, Ophioglossales y Psilotales. Ophioglossales posee una familia, Ophioglossaceae, con cuatro géneros. Y Psilotales tiene una familia, Psilotaceae, con dos géneros, *Psilotum* y *Tmesipteris*.
- Clase Equisetopsida: Con el orden Equisetales.
- Clase Marattiopsida: Con el orden Marattiales.
- Clase Polypodiopsida (=Filicopsida). Con 6 órdenes y 33 familias.

Esta clasificación solo incluye organismos vivientes, los géneros y órdenes fósiles los nombraremos de acuerdo con la nomenclatura aplicada por Stewart & Rothwell [91]. También utilizaremos el término clásico que se empleaba para referirse a las plantas vasculares dispersoras de esporas, los Pteridófitos (Monilophyta más Lycophyta).

2- Hipótesis formuladas relativas a las relaciones filogenéticas de *P. nudum*

1) Psilotaceae pertenece a Lycophyta: En 1753 Linneo [56] describió a la actual *P.nudum* como *Lycopodium nudum*. Las características comunes que sustentaban esta hipótesis eran las enaciones uninervadas típicas de Lycophyta, y la consideración de que el eusporangio se desarrolla en posición lateral sustentada por una enación microfílica, asemejándolo a las, a veces, uninervadas enaciones estériles (muy desarrolladas en *Tmesiptesris* (fig. 1-D pág. 7), el género hermano de *Psilotum* denro de Psilotaceae), y la posición adaxial de los sinángios en las enaciones bífidas fértiles de *Psilotum*.

Esta "teoría" fue unánime hasta principios del s.XIX cuando algunos taxónomos comienzan a considerarla distinta del género *Lycopodium*, y en una familia propia, Psilotaceae [33]. La "teoría" licopodial se mantuvo vigente avalada por estudios de órganos reproductores [17], pero cada vez más datos refutaban estas observaciones. Se considera que a partir de 1902 con los estudios de Jeffrey [43] sobre el desarrollo del tallo de Pteridófitos, *Psilotum* y los licófitos son rotundamente diferentes, y así se refleja en la literatura botánica posterior.

2) Psilotaceae son descendientes directos de la flora del Devónico (≈400 M.a.), por sus semejanzas con los fósiles de Rhyniophyta: En 1917 se descubrieron en Rhynie Chert (Escocia) unos estratos Siluro-Devónicos con un excelente registro de flora fósil (fósiles descritos por Kidston & Lang en 1917 [50]) de las que se consideran las plantas vasculares más simples y antecesoras de todas las Trachaeophyta (plantas vasculares), las Rhyniophyta.

A partir de estos descubrimientos se descartó completamente la interpretación licopodial, ya que estos fósiles riniófitos se subdividían claramente desde su inicio en dos Órdenes, los Rhyniales (con esporangios terminales) y los Zosterophyllales (con esporangios laterales con dehiscencia transversal y micrófilos) que se postulan manifiestamente como ancestros directos de las Lycophyta. En la actualidad Zosterophyllales se clasifican dentro de Lycophyta, no como un Orden dentro de Rhyniophyta.

Los Rhyniales (fig. 1-B pág 5) tienen una apariencia macroscópica extremadamente similar a la actual *P. nudum*. Los esporofitos también son tallos erectos fotosintéticos que se ramifican dicotómicamente que no poseen ni raíces ni hojas, con un sistema de rizomas subterráneos con rizoides unicelulares. Epidermis cutinizada, estomas de estructura simple y micorrizas arbusculares.

La estructura del tallo difiere levemente. En *Rhynia* (Rhyniales) el parénquima cortical de 3 capas de células clorofílicas y cutinizadas, separada de la zona interna por una capa invadida por hifas fúngicas con productos de digestión fagocitaria que revela una simbiosis con un hongo endófito. No hay endodermo; el córtex interno son células alargadas, con paredes oblicuas, que constituyen el líber rudimentario sin tubos cribosos. En el centro está la haplostela de traqueidas lignificadas con el protoxilema céntrico y metaxilema periférico. En *Psilotum* hay una epidermis fotosintética cutinizada, debajo células parenquimáticas elongadas con espacios intercelulares y gránulos de almidón, que se vuelve más compacto y sin almidón más internamente. Ocupando el centro del tallo, el cilindro vascular es también protostélico, pero con xilema primario exarco, no mesarco; que se reduce o desaparece en los ejes pequeños, y se convierte en un cilindro acanalado en los ejes aereos [7] que se va lobulando (en forma de actinostela) hasta 10 veces en polos exarcos.

Las Rhyniales poseían eusporangios claramente terminales en los ejes principales. Los sinangios de Psilotaceae han sido interpretados como eusporangios terminales sobre tres ramas extremadamente reducidas que son laterales o pseudolaterales con respecto a los ejes principales, que resultan de dos dicotomías sucesivas [29]. Las observaciones experimentales de Rouffa [80] corroboran esta interpretación. Ambos grupos poseen isosporas y carecen de anillo de dehiscencia.

Los gametofitos de Rhyniales se considera que eran monoicos, tan solo se ha encontrado un anteridio esférico pedicelado emergiendo claramente sobre la epidermis. Los arquegonios estaban hundidos en los tejidos, como en la mayoría de Pteridófitos. Estos gametófitos fósiles eran rastreros, la cara superior con estomas era muy probablemente clorofílica. Poseía una capa simbiótica y una estela central extraordinariamente semejantes a las del rizoma de la fase esporofítica. En *Psilotum*, el gametófito es un protalo cilíndrico dioico, que puede estar vascularizado [39,6,38], y en estos casos, la disposición y apariencia de los tejidos conductores es exactamente igual en ambas generaciones [27]; así como las estructuras de la relación fúngica endofítica también es exactamente igual en el gametofito y esporofito [27].

Esta interpretación filogenética se cuestiona fundamentalmente por la falta total de registro fósil, los macrofósiles Rhyniofitos desaparecen completamente a partir del Carbonífero inferior (340 M.a.)[22].

3) <u>Psilotaceae pertenecen al Orden Filicales (Filicopsida) de la familia de las Gleichenaceae próximas al género *Stromatopteris*:</u> La primera sugerencia de que las Psilotaceae eran Helechos del tipo de Filicales se remonta a 1908, cuando Sykes [94] a partir del estudio de la forma de la masa xilemática en la base del eje del "fronde" de *Tmesipteris*, observó que esta masa tenía forma de C, como en la mayoría de los Filicales.

La "teoría" predominante en las publicaciones científicas era considerar a las Psilotaceae como descendientes directos sin apenas cambios desde rhyniófitos, por los datos aportados por el registro fósil y los gametofitos vascularizados; pero Bierhorst en 1954 [7] estudiando el origen de la ramificación de la parte aérea de *Psilotum nudum*, vio en la ontogenia de las bifurcaciones, que la célula madre apical no se dividía en dos células apicales hijas (tal y como se define una ramificación dicotómica), sino en una célula lateral y otra proximal de las cuales una cesa su función de célula apical, y la otra continúa dividiéndose como ocurre en las pseudodicotomías [77,96]. Proponía entonces que estas bifurcaciones no serían dicotomías, sino pseudodicotomías del tipo que poseen los Filicopsida. Este carácter ontogénico es imposible de vislumbrar en los restos fósiles, por lo que es plausible que suceda lo mismo con la interpretación de ramificación dicotómica de las plantas fósiles, que la apariencia macroscópica de dicotomías de Rhiniophyta, corresponda en realidad, si analizásemos su ontogenia, a pseudodicotomías isotomizadas como en *P.nudum*.

Bierhorst [13] también relacionó algunos caracteres del desarrollo y estructura del embrión y del gametófito de *Stromatopteris, Schizaea y Actinostachys* (todos Filicopsida), con Psilotaceae. Afirmó que los gametófitos de estas especies eran subterráneos, heterótrofos, axiales, cilíndricos y con simetría radial, y el meristemo apical consistía en una sola célula con tres caras de división.

La estructura del gametofito se consideraba un carácter taxonómico significativo y estable, pero se ha comprobado que posee una gran variabilidad dentro de los grupos taxonómicos; por ejemplo también poseen este tipo de gametofitos algunos Lycopodialles, algunos Sphenophyllales y Ophioglossaceae [98]. Los gametofitos tienen la pared cutinizada (incluidos los rizoides) y todos poseen hifas fúngicas. También tienen en común los rizoides septados. Del mismo modo ve similitudes [13] en los arquegonios, con paredes celulares engrosadas, y anteridios revestidos superficialmente de una sola capa de células gruesas, que considera del tipo de los filicales. En cuanto a las similitudes en el embrión, argumenta que son exóscopos.

Psilotaceae y *Stromatopteris* poseen en los ejes subterráneos una protostela con la masa xilemática irregular, y un metaxilema con patrones de maduración temprano y tardío, en el cuál los polos iniciales de maduración están o en posición mesarca o exarca. En las partes más pequeñas de los ejes subterráneos, una pequeña protostela sin protoxilema ni patrón de maduración, afirma que son las únicas plantas vasculares en las que existe esta estructura histológica. También señala que es idéntica la estructura estelar en la transición del rizoma a los tallos aéreos en ambos géneros, si considerásemos homólogos los ejes aéreos de Psilotaceae con las megáfilas de Filicales. El córtex de eje subterráneo está compuesto por un parénquima con paredes gruesas e impregnadas de polifenoles oscuros, que es característico de los filicales.

Respecto a la presencia de raíces en *Stromatopteris*, afirma [13] que el embrión en sus primeras fases no tiene raíces, y considera que Psilotaceae posee raíces vestigiales que por reducción ahora no aparecen. En lo que atañe a que Psilotaceae posea eusporangios en vez de leptosporángios como los Filicales, interpreta que el esporangio de Psilotaceae es leptosporangiado, ya que considera que posee dos capas de células protectoras más las del tapete, no de cuatro a seis capas protectoras como corresponde a la estructura típica de un eusporangio. Considera las esporas de Psilotaceae como de Filicales por el perisporio igualmente rugulado, la forma de judía, la estructura monoleta y una superficie poco ornamentada (Lugardon [58] señaló que "las esporas de Psilotaceae eran absolutamente idénticas a la de Filicales").

El número cromosómico de Psilotaceae es n=52 y a veces 104 y 208, mucho más que cualquier Filical, pero todos son múltiplos de 13, que es el número cromosómico característico de los Filicales.

Así que concluye [13] que Psilotaceae pertenece a Filicales, muy próximo al género *Stromatopteris* (fig. 2-C pág. 6), de la familia Gleicheniaceae. Y basándose en estas similitudes, infiere [11,13] otras homologías de caracteres morfoestructurales con los de Filicopsida, como que las partes aéreas bifurcadas de Psilotaceae son consideradas ejes de frondes megáfilas (hojas) y lo que denominan enaciones o apéndices serían pinnas de la megáfila (en *Psilotum* más reducido que en *Tmesipteris*), y los apéndices bifurcados que sustentan el sinangio serían esporófilos abaxiales como los de Filicopsida pero invertidos hacia arriba.

4) Psilotaceae posee un rango taxonómico independiente de las actuales Lycopodiopsida y Filicopsida y de las extintas Rhynipsida: El taxónomo W.H. Wagner [98] revisó la importancia taxonómica de los caracteres utilizados por Bierhorst, argumentando que los caracteres conservativos (sinapomorfías que se mantienen y definen a un grupo desde su origen) de Filicopsida (solo crecimiento primario, megáfilas, leptosporangios, soros, raíces, tricomas epidérmicos no rizoidales, etc.) no se encuentran en Psilotaceae. Y otros, que se consideraban caracteres muy estables, como el tipo de estela o caracteres del gametofito se han comprobado que poseen una gran variabilidad dentro de los grupos taxonómicos. Además comparó él mismo [98] los esporangios (la organización de la pared capsular, número de esporas, la posición y el tapete), las esporas, los gametófitos, la vernación y los apéndices subterráneos (tricomas, rizoides, etc) y concluyó que esos caracteres son de naturaleza morfogenética fundamentalmente distinta a los de Filicopsida, Lycopodiopsida y Rhyniopsida del Devónico. Sería un error situar las Psilotaceae (con sus caracteres distintivos como esporangióforos bífidos, sinangios de eusporangios, apéndices estériles simples, sin raices, y patrones propios de desarrollo del gametofito y el esporofito) en una de estas clases, posee un rango taxonómico distinto (Psilotophyta = Psilotopsida), cuyas relaciones taxonómicas continúan siendo enigmáticas.

Duckett & Ligrone [27] afirman además que las Psilotaceae poseen características únicas dentro de Trachaeophyta en las células conductoras de ambas generaciones, como tilacoides dispersos en los plastos de los elementos del floema que contienen compuestos granulares, esférulas refractarias y agregaciones de mitocondrias unidas mediante elementos fibrilares opacos a los electrones, nunca descritos en otros organismos, que reafirma esta hipótesis.

5) Psilotaceae forma un grupo monofilético con Ophioglossaceae: Las Ophioglossaceae (fig. 2-A y 2-B pág. 6) han sido también asignadas y reasignadas en distintos grupos taxonómicos [90]. Actualmente, basado en los análisis moleculares, se sitúan Ophioglossaceae como grupo hermano de Psilotaceae dentro de las Psilotopsida, en el clado monofilético de Monilophyta [88].

Ambos, Psilotaceae y Ophioglossaceae poseen gametófitos subterráneos tuberosos o alargados, incoloros que poseen simbiosis con micorrizas arbusculares de Glomeromycetes que les sustentan. Son eusporangiados, y estos esporangios con varias capas de células están fusionados con otros formando sinangios con isosporas. Los rizoides en el gametofito son septados (al igual que en algunos Filicopsida). Las yemas subterráneas en el rizoma esporofítico y el tipo de ontogenia de los estomas son idénticas [22].

Ambos poseen sifonostela. Ophioglossaceae poseen traqueidas con punteaduras espiraladas al igual que *Psilotum*. Se ha descrito la presencia de cambium vascular y xilema secundario en Ophioglossaceae, es el único dispersor de esporas viviente que posee xilema secundario. En *Psilotum* encontramos referencias de traqueidas secundarias [15,16,1] (cf. pág. 5). En ambos, la calosa no está presente en los elementos conductores del floema en ningún momento del desarrollo [30,65].

La hoja de Ophioglossaceae ha representado también grandes dificultades para interpretar su filogenia y afinidades con otros grupos [90]; está dividida en dos partes, una con lámina especializada en la fotosíntesis (trofóforo), y otra lámina reducida que nace en la base del pecíolo, portadora de esporangios (esporóforo) (fig. 2-A y 2-B, pág. 6). No tiene vernación circinada, a diferencia de los demás helechos con megáfilos conspicuos.

3- Análisis cladísticos genético-moleculares

La revisión de los datos referidos a *Psilotum* en los estudios moleculares, nos muestra que este género ha sido incluido en análisis de muy distinto alcance, probablemente por la controversia interpretativa que generaba, y aún así hoy sigue generando. Su posición en los cladogramas basados únicamente en caracteres moleculares, como pruebas independientes de los realizados con caracteres morfológicos, debería por tanto clarificar esta antigua controversia.

Los primeros análisis en los que se incluye a *Psilotum*, estaban orientados principalmente a dilucidar los nodos evolutivos de alto rango en el reino Plantae (Algas verdes s.l. + Embriofita), por tanto ofrecen poca información relacionada con nuestro objetivo. Utilizaban taxa representativos de los grandes grupos, no obstante la posición de *Psilotum* en estos primeros cladogramas sirve en líneas generales para entender su ubicación entre las plantas vasculares.

En 1985 Hori y colaboradores [41] obtienen un árbol filogenético con secuencias del 5s rRNA citoplasmático de 28 taxa (7 algas verdes, 4 Briófitos, 13 Spermatofitas y 4 Pteridofitas [*Psilotum, Lycopodium, Equisetum* y *Dryopteris*]). Entre sus resultados se muestra que en el grupo de las plantas terrestres hay una primera separación entre la línea de plantas con semillas y la de plantas dispersoras de esporas (pteridófitos + briófitos). Dentro de la rama pteridofítica, la posición basal corresponde a *Psilotum*, seguido de *Lycopodium*. Estos resultados les permiten establecer entre otras conclusiones que *Psilotum* es la planta vascular más antigua, y que su simplicidad morfológica es debida a su antigüedad filogenética. Las interpretaciones filogenéticas utilizando el 5S rRNA han sido criticadas [18,19,76] por la homoplasia producida por la estructura secundaria que adquiere este RNA.

En la década de los 90 se secuenciaban numerosos genomas plastidiales. Manhart [59] secuenció el rbcL plastidial de 35 géneros (12 algas verdes, 6 briófitos, 3 licófitas, 7 espermatofitas y 7 "helechos y afines": *Angiopteris, Equisetum, Lygodium, Marsilea, Psilotum, Botrychium* y *Ophioglossum*); uno de sus objetivos era esclarecer las relaciones filogenéticas entre las plantas terrestres, particularmente de los "helechos y afines". Realiza varios análisis dando distinto pesaje a la posición de nucleotidos. Los resultados son distintos dependiendo de cada análisis, y en los árboles consenso que obtiene se aprecian muchas policotomías, que no resuelven las relaciones de parentesco entre los grandes grupos; como el propio autor concluye, "el gen de rbcL provee poca resolución de las relaciones filogenéticas de todas las plantas terrestres, ya que tiene altos niveles de homoplasia por el RNA editing, posibilidad de pseudogenes, tasas de evolución distintas, etc.".

A pesar de las dificultades interpretativas de los cladogramas consenso que presentan abundantes policotomías, cabe destacar que en la mayoría de sus cladogramas, aparece *Psilotum* como grupo hermano de Ophioglossaceae (*Ophioglossum* + *Botrychium*), y avanzamos que esta pauta de emparejamiento será la tónica general en los posteriores análisis moleculares.

Posteriormente Manhart [60] acumuló secuencias del 16S rDNA plastidial de 25 especies de algas charofíceas y plantas terrestres (2 charofíceas como grupo externo, 2 briófitos, 8 espermatófitos, 3 licófitos, 4 leptosporangiados, 2 ophioglossaceas, *Equisetum*, *Angiopteris*, y las psilotáceas *Tmesipteris* y *Psilotum*). En sus resultados también aparecen Psilotaceae (Ps) y Ophioglossaceae (Op) como grupo hermano, y este clado (Ps+Op) como grupo hermano de Lycophytina + Espermatophytina, y este conjunto parafilético al resto de Pteridophytina.

Pryer y colaboradores [69,70] recopilaron secuencias de 5000 bp de genoma plastidial [rbcL [68], atpB [100], rps4] y nuclear 18S rDNA [53] de 62 taxa (3 licófitos, 6 espermatófitas, 2 psilotáceas, 2 ophioglossáceas, 2 esfenópsidos, 3 marattiaceas y 44 leptosporangiados), utilizando como grupo externo a los licófitos. Su objetivo era resolver las relaciones filogenéticas y evolutivas de los Monilophyta, con especial atención a las divergencias de leptosporangiados. Obtiene tres cladogramas similares con distintos métodos, y presenta el consenso (fig. 3 pág. 16) en el que las Psilotaceae *Psilotum* y *Tmesipteris* son grupo hermano de Ophioglossaceae; y este clado es basal a los Equisetopsida, Marattiales y helechos leptosporangiados; este clado monofilético está bien definido con un sólido apoyo del índice de consistencia.

Yin-Long Qiu [72] analizó las relaciones filogenéticas de una gran cantidad de plantas terrestres mediante la comparación de tres bases de datos: una supermatriz de multigenes, una matriz de caracteres estructurales genómicos y una matriz de las secuencias genómicas plastidiales; obteniendo resultados semejantes a los anteriormente expuestos por Pryer [70].

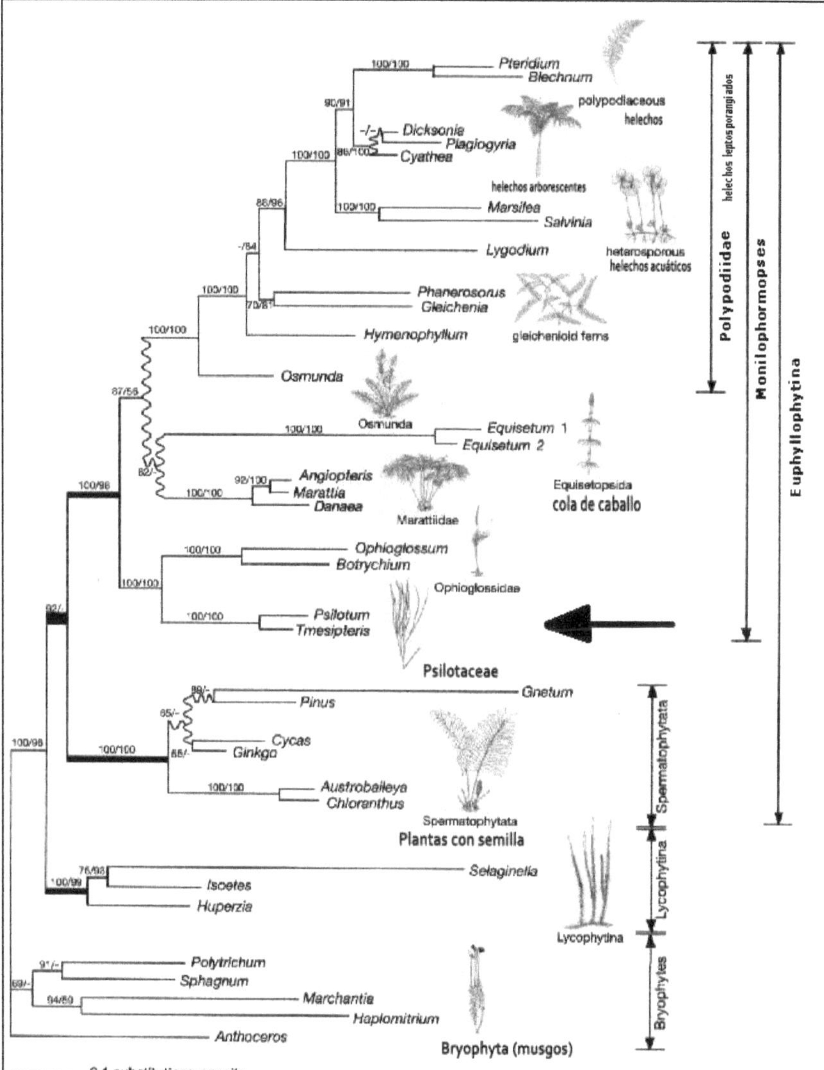

Figura 3. Cladograma molecular, basado en secuencias genómicas de 3 genes plastidiales (rbcL, atpB y rps4) y uno nuclear (18S rDNA) analizados con el método de máxima verosimilitud. Los números de los nodos X / Y indican, X: porcentaje de aparición de ese nodo en los distintos cladogramas resultantes por máxima verosimilitud (ML); Y: por máxima parsimonia (MP). Si aparece un signo - significa que aparece menos del 50% de los cladogramas. Enraizado en Briophyta. Líneas zig-zagueantes indican conflicto entre los análisis de ML y MP. La longitud de los brazos es proporcional al número de sustituciones nuclaotidicas. Psilotaceae indicadas mediante flecha. Modificado de Pryer et al. (2001).

4- Otros análisis

Rothwell [79] realizó un análisis cladístico usando 101 caracteres morfológicos de 52 taxa de plantas vasculares, tanto vivientes como extintas. Obtuvieron el siguiente cladograma (fig. 4 pág. 17) enraizado en *Aglaophyton major* (*Rhynia major*): Estos resultados se oponen a las interpretación de Bierhorst [11,13] de similaridades morfológicas y anatómicas entre Psilotaceae y el filical *Stromatopteris*, retorna a la tradicional interpretación de que *Psilotum* y *Tmesipteris* son más cercanos a Rhyniófitos y son basales a todos los demás grupos de traqueófitos vivientes. En estos análisis tampoco resultan cercanos a las Ophioglossaceae.

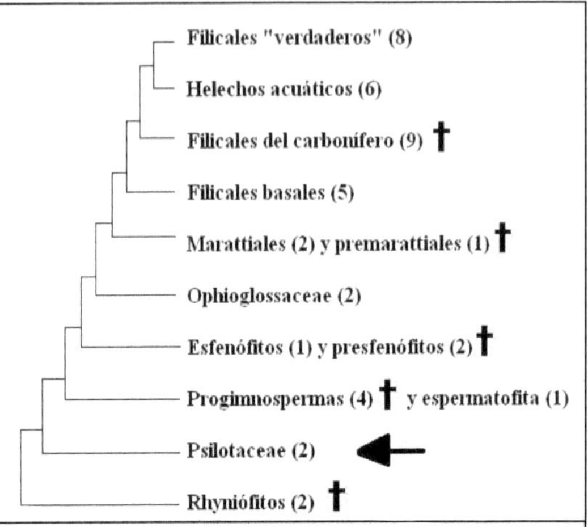

Figura 4: Análisis cladístico basado en 101 caracteres morfológicos de plantas vasculares vivientes y fósiles (indicados mediante †). Grupo externo *Aglaophyton major* (Rhyniophyta). Psilotaceae señalada con flecha. Indicado entre paréntesis el número de géneros analizados. Modificado de Rothwell 1999.

En un estudio sobre el valor C de las plantas terrestres [55], se analizaron 63 especies de Monilophyta de las 11.000 reconocidas; aunque el número es bajo, consideran que son suficientemente representativas (fig. 5 pág. 18). Se aprecia que *P.nudum* posee el genoma más grande (72,7 pg) de los Monilophyta, seguido de *Ophioglossum petiolatum* (65,6 pg), ambos muy superiores a todos los demás Monilophyta (13,6 pg de media). Infieren que *Psilotum* y *Ophyoglossum* son un grupo que se separó muy tempranamente de las demás Monilophyta, produciéndose en ellas una expansión genómica masiva. Según la experiencia citogenética de Jaime Gonsálvez (comunicación personal), los organismos con más cantidad de DNA, tienen menos capacidad de cambio (evolutivo), con respecto a los organismos con menos DNA.

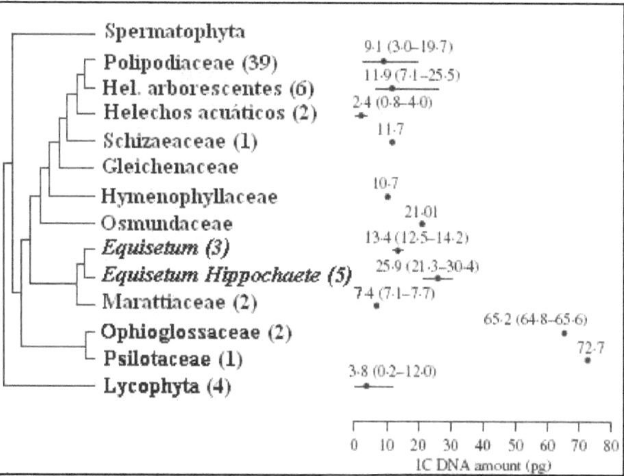

Figura 5: Cladograma de filogénia molecular (a la izquierda) a partir de Pryer et al. 2001 (entre paréntesis el número de especies que se ha analizado su valor C). A la derecha los datos del valor C en picogramos de cada grupo (indicada la media, y entre paréntesis el intervalo). Extraído de Leitch et al. 2005.

Existen otros estudios, fundamentalmente bioquímicos que buscan trazar las relaciones filogenéticas de *Psilotum*, y muestran cada uno afinidades de parentesco diversas. Como los estudios bioquímicos [24] sobre flavonoides sintetizados en Pteridophyta, señalan que *Psilotum* presenta distintos al resto de los Filicales. Mientras *Psilotum* posee exclusivamente amentoflavona y algunos biflavonoides, todos los afines a helechos y todos los Filicales, tienen las mismas proantocianidinas y flavonoides. O la comparación de histonas vegetales [89] que determina que todas las proteínas histónicas son iguales en todas las plantas terrestres, menos un tipo de histona, que es común en *Psilotum* y en el briófito *Polytrichum juniperinum*. O las secuenciaciones y estudios comparados de algunas superfamilias de genes, como el del fitocromo [51] que determinan que *Lycopodium* y *Equisetum* son ancestrales a todas las demás Traqueophyta, y ancestral también a *Psilotum;* o genes de la familia de las chalcone-synthase [4] que separan a *Psilotum* y *Equisetum* de las demás Traqueophyta.

Renzaglia y Garbary [76], en un exhaustivo trabajo de análisis de caracteres de espermatogénesis de pteridófitos, no encuentra evidencias de la relación entre *Psilotum* y los eusporangiados ni con *Stromatopteris*. Renzaglia analiza detalladamente la organización celular, el número, la estructura y la posición de los orgánulos. Hace una revisión comparada de espermatogénesis y la evalúa en un contexto filogenético. Afirma que los datos de espermatogénesis no sugieren la relación de *Psilotum* con los helechos eusporangiados, aunque en el cladograma basado en sus observaciones encontramos a *Psilotum* entre *Equisetum* y *Botrychium*, dentro del clado de los helechos. Sin embargo, reconoce que existen especies que difieren en el desarrollo y ultraestructura del espermatozoide en especies dentro del mismo género, como por ejemplo ocurre en *Sellaginella* y *Huperzia*.

Discusión

Todas las hipótesis enunciadas cuentan con argumentos a favor e incongruencias interpretativas; por este motivo es prácticamente imposible formular una hipótesis unificada a partir de ellas.

• Comenzando por la hipótesis 1ª de que las Psilotaceae forman parte de Lycophyta, consideramos errónea la interpretación de que los esporangios sean laterales con un micrófilo sustentándolos, como ha quedado demostrado con los estudios del desarrollo del tallo en Pteridófitos [43]. Además Lycophyta posee hojas de tipo microfílico o licófilas, de origen diferente a los megáfilos de Euphylophyta; que se desarrollan exclusivamente por crecimiento intercalar, o sea por una actividad meristemática de organización difusa en torno a la base de la licófila, no apical como ocurre en las megáfilas [71]. En Psilotaceae, los apéndices desarrollan crecimiento apical, al igual que en las pinnas de megáfilas filicales (según Bierhorst [9] los apéndices y las pinnas serían estructuras homólogas).

Tmesiptesis (Sw.) (fig. 1-D pág. 5) es el género hermano de *Psilotum* dentro de las Psilotaceae. No se han hallado referencias bibliográficas que pongan en duda esta conjunción, y los análisis moleculares así lo confirman (c.f. pág. 14). Pryer [70] mediante sincronización cronológica molecular, infirió que la separación evolutiva de *Psilotum – Tmesipteris* se produjo hace 88 M.a.. *Tmesipteris* ostenta enaciones de hasta 4 cm con un único haz vascular, y enaciones bífidas fértiles también uninervadas de similar tamaño sustentando a los sinangios adaxialmente (fig. 1-E pág. 5). La reconstrucción filogenética de las estructuras de Lycophyta es factiblemente trazable por la relativa abundancia de fósiles Zosterophyllales y prelycófitos. Sin embargo por la ausencia de fósiles de Psilotaceae, se desconoce el origen y filogenia de las estructuras de *Tmesipteris,* y de *Psilotum,* no pudiendo saber empíricamente cuál es el estado de carácter plesiomórfico (ancestral), si las enaciones reducidas y anervadas de *Psilotum* o las más desarrolladas y uninervadas de *Tmesipteris.*

Asimismo nos percatamos del error en la interpretación de que Psilotaceae tenga los esporangios de inserción lateral en la cara adaxial de la micrófila, como ocurre en Lycophyta, tal como demuestran los experimentos de Rouffa [80,81] con especímenes cultivados excepcionales de *P.nudum,* que sometiéndolos a un fotoperiodo largo, inducía la elongación exagerada de los tallos portadores de sinangios, apareciendo éstos, tangible e indudablemente terminales, y a veces más de 3 fusionados en sinangio, y también obtuvo variantes sin apéndices bífidos sustentadores de sinangios. La interpretación de Rouffa [82] es que los ejes fértiles (presumiblemente condensados) con sinangios terminales, derivaron desde formas ancestrales de Rhyniophyta, como se aprecia en los cambios acontecidos en el género fósil *Renalia* [35] (fig. 1-C pág. 5), del Devónico inferior, donde se observa una tendencia a la condensación de esporangios como resultado de una reducción en las ramas laterales fértiles.

Rouffa [82] sostiene que existen suficientes evidencias para afirmar que los esporangios de *Psilotum* forman un sinangio que procede de un sistema condensado de ramas fértiles con esporangios terminales, asociados con una unidad "foliar" dicótoma, por procesos de reducción, condensación y fusión lateral de los telomas fértiles.

Cabe decir que esta teoría no obtiene apoyo por parte de ningún análisis molecular (cf. pág. 14), bioquímico, ni posee un desarrollo espermiogénico afín [76] (cf. pág. 18).

• En cuanto a la 2ª suposición de que *Psilotum* es descendiente directo de Rhyniophyta, la carencia absoluta de fósiles en un intervalo de 300 M.a. desde el Carbonífero Inferior (cuando se consideran extintas las Rhyniophyta) hasta el Eoceno Inferior (cuando aparecen los primeros fósiles de Psilotaceae, desde entonces en estasis morfoestructural), es un obstáculo substancial y hace considerar esta teoría difícil de defender.

Tmesipteris genera otra importante dificultas a la hora de mantener esta hipótesis, que surge al intentar interpretar los apéndices desarrollados y aplanados de vascularización uninervada que miden de 1 a 4 cm (fig. 1-D pág. 5). Como el registro fósil de *Tmesipteris* es también nulo (solo desde el Eoceno [21]) no se puede evidenciar si estos apéndices surgen del extradesarrollo de los apéndices estériles del tipo de *Psilotum*, o si los de *Psilotum* son una reducción desde un organismo con los apéndices más desarrollados del tipo de *Tmesipteris*. Algunos Rhyniophyta poseían expansiones epidérmicas sin vascularizar en los ejes aéreos, que desaparecieron progresivamente con la aparición de estructuras telomáticas (megáfilas) más eficientes para la fotosíntesis [91].

Sin embargo constan otras evidencias que sustentan esta hipótesis, como el arquegonio con cuello de 4 a 6 células caduco (carácter raro en el resto de Monilophyta, que también está presente en los briófito de la Clase Anthocerotopsida [23]) o las micorrizas de tipo arbuscular, que es el más antiguo del registro fósil, existen esporas fúngicas de la División Glomeromycota desde el Ordovícico (460 M.a.)[73], y macrofósiles arbusculares desde la flora de Rhynie Chert (400 M.a.)[75] que avalan este postulado.

• Respecto a la 3ª interpretación de que *Psilotum* sea filical propuesta por Bierhorst [13] (c.f. pág. 11), los análisis cladísticos de caracteres morfológicos [79] (c.f. pág. 17), así como los moleculares (c.f. pág. 14) no relacionan de ningún modo las Psilotopsida con estos Filicopsida. No obstante existen pruebas moleculares que apoyan esta hipótesis, por ejemplo ambos poseen una proteína relacionada con un fitocromo idéntica [84].

Bierhorst [10] propone que el fronde de algunos géneros de Hymenophyllales (Filicopsida), como *Gleichenia*, *Stromatopteris* y *Actinostachys* no tienen las "hojas no apendiculares" diferenciadas en tallos por completo, sino que poseen una capacidad pluripotencial para desarrollar otras estructuras que no sean tallos. Además de esta propuesta (no compartida por muchos descriptores botánicos [85]), Bierhorst [12] concibe que los apéndices estériles de *P.nudum* también poseen el carácter pluripotencial de dar ramas modificadas, y estima que la ontogenia de las pinnas del fronde de *Stromatopteris* es homóloga a la de las enaciones de *P.nudum*. Basándose en esto argumenta que cada eje aéreo de *P.nudum* que parte del rizoma es por tanto homólogo a una megáfila Filical. Criticamos esta interpretación de homología de Bierhorst, ya que ésta no explicaría la posición adaxial del sinangio de *P.nudum*. Las descripciones de Bierhorst han sido profusamente criticadas por su carácter simplificador, ambiguo y de consideración subjetiva; como por ejemplo calificar al eusporangio de *Psilotum* como un leptosporangio con varias capas de células externas, cuando poseen un desarrollo ontogenético distinto [85]. El eusporangio se desarrolla a partir de un cúmulo de células meristemáticas internas, tiene varias capas de células protectoras y produce más de 2000 meiosporas, mientras que el leptosporangio se desarrolla a partir de una única célula superficial del esporófilo, tiene una o dos capas de células protectoras y produce casi siempre 64 meiosporas. Y como hemos mencionado, los esporangios de Psilotaceae están en la cara adaxial de la enación fértil, mientras que en filicales, los leptosporangios están en el borde o en la cara abaxial de las pinnas de la megáfila fértil [92,22]. Kaplan [45] tampoco está conforme con que el fronde de *Stromatopteris* sea un órgano homólogo a los segmentos ramificados aéreos de *Psilotum* y *Tmesipteris*. Critica la interpretación de las fotografías de Bierhorst sobre la organogénesis de *Stromatopteris*, tachando la descripción de demasiado simple, y afirmando que sus interpretaciones del desarrollo del tallo tienen bases erróneas e inadecuadas que no concuerdan con las extensas descripciones realizadas por otros botánicos [85]. Y concluye que la hoja de *Stromatopteris* es apendicular y con idéntico desarrollo a la del resto de Filicales, mientras que los ejes aéreos de Psilotaceae no tienen el mismo desarrollo.

También es tachable de simplista su descripción aportada en cuanto a la peculiaridad del patrón de maduración del tejido vascular [13](c.f. pág 12) que considera idéntico y único en los géneros *Psilotum* y *Stromatopteris*, al referirse a él, como "masa xilemática irregular", sin especificar nada más, "patrones de maduración temprano y tardío", o "en posición mesarca o exarca"; estas expresiones en mi consideración presentan un alto grado de indefinición.

Consultando el registro fósil, no figuran evidencias directas del ancestro de Psilotaceae, sin embargo aceptando esta interpretación de Bierhorst [12] de la morfología del fronde de Hymenophyllales y Psilotaceae se pueden encontrar [36] patrones parecidos en fósiles de helechos carboníferos del tipo de los Coenopteridales, incluyendo *Psalixochlaena cilindrica* [40], *Ankyropteris grayi* [28,67] y *Botryopteris* [33,66,67], en los cuales el tallo produce una ramificación lateral, y esta ramificación se divide para producir, un tallo y una hoja, o dos tallos, o un tallo y una yema, o una hoja y una yema. Esta pluripotencialidad es similar a la descrita por Bierhorst [12]. Se debe investigar este carácter ontogénico, y afinar más en las observaciones de estos grupos fósiles para intentar encauzar nuevas hipótesis sobre alguna línea evolutiva escurridiza que se nos escapa.

Las propuestas de Bierhorst marcaron la tendencia taxonómica de considerar a la familia Psilotaceae dentro de Filicopsida, pero en la actualidad los tratados de botánica omiten esta hipótesis por las incongruencias interpretativas mencionadas. Sin embargo son admirables las nuevas perspectivas que aportó a las observaciones y la valiente contribución de su hipótesis. Y aún hoy, algunas de sus aportaciones generan controvertidos enigmas para refutar las demás hipótesis, como que la dicotomía en realidad es una pseudodicotomía isotomizada (c.f. pág. 11), las esporas idénticas en Psilotaceae y Filicales, o las semejanzas observadas en el desarrollo de embriones y gametofitos, que aunque actualmente se consideren esos caracteres con una significación taxonómica relativamente baja (por la homoplasia y variabilidad dentro de los mismos grupos) continúan siendo certezas a tener en cuenta.

• El parentesco con Ophioglossaceae se corrobora rotundamente con los datos moleculares (posee 100% de soporte de las medidas cladistico-probabilísticas características: Bayesian posterior probability, maximum likelihood bootstrap y maximum parsimony bootstrap [70]) pero manifiestan pocas afinidades estructurales aparentes. Se debe profundizar e indagar más mediante estudios de genética del desarrollo (Evo-Devo) por ejemplo, para intentar esclarecer correlaciones de los caracteres morfoestructurales, como los esporangióforos, sinangios, estela, yemas, rizoides, esporas, o el tipo de simbiosis que posiblemente por su alta homoplasia ocultan las homologías. En el caso de ser homólogas, tendrán rutas y roles genético-funcionales equivalentes dentro del interactoma, y podríamos concluir que estas similitudes macroscópicas simplificadas, u otras estructuras que no tengan una manifiesta semejanza, sean debidas a unos mecanismos evolutivos moleculares comunes. Y si no poseen mecanismos ontogénicos en común, concluiríamos que son órganos análogos.

Pero no se deben tener en exclusiva consideración los recientes datos moleculares (desde 1994 [59]), como está acaeciendo en las modernas clasificaciones taxonómicas, olvidando por completo los datos de las observaciones morfológicas acumulados desde las primeras clasificaciones taxonómicas del s.XVIII. La afinidad de Psilotaceae con Ophioglossaceae nunca se había propuesto por compartición de caracteres morfológicos; fue a raíz de los resultados de los análisis moleculares cuando Wolf [100] propuso caracteres sinapomórficos compartidos del grupo monofilético Psilotaceae + Ophioglossaceae (c.f. pág. 13-14), que eran crípticos debido a su simplicidad morfológica, y además estas sinapomorfías no son únicas (autopomorfías) de estos grupos, las poseen otros dispersores de esporas, como Lycophyta y Filicopsida como hemos apuntado en resultados.

También es de nuestro interés por su implicación para diseñar otra posible vía de evolución de las Psilotaceae, la interpretación del sistema vascular de Ophioglossaceae realizada por Kato [46], que describe la estela de *Ophioglossum* como una "eustela" o sistema vascular primario simpodial, al igual que el que poseían algunas Progimnospermas (Devónico-Carbonífero), pero la mayoría de los autores la describen como una sifonostela ectofloica [42,92]. Kato propone la hipótesis de que Ophioglossaceae sean Progimnospermas supervivientes por la presencia de cambium vascular, peridermo, traqueidas con punteaduras anilladas, la anatomía de las ramificaciones auxiliares, los eusporangios solitarios y la vernación no circinada de Ophioglossaceae y progimnospermas. Con los nuevos datos moleculares podemos reconsiderar esta hipótesis y ensamblar que el clado Ophioglossaceae+Psilotaceae sean Progimnospermas supervivientes, ya que las Psilotaceae igualmente poseen traqueidas con punteaduras anilladas, sinangios de eusporangios, vernación no circinada y vestigios de cambium vascular [1,15,16](c.f. pág. 5).

• La hipótesis de Wagner [98] de considerar las Psilotaceae con un rango taxonómico independiente de los demás grupos dispersores de esporas, es la que de momento, dadas las expuestas incongruencias de las otras hipótesis, opino que deberíamos considerar como la más apropiada y coherente. Wagner, en su época refutó la afinidad de Psilotaceae con Filicales, Rhyniophyta y Lycophyta, pero todavía no tenía el conocimiento de que su grupo hermano molecularmente hablando eran las Ophioglossaceae; en la actualidad se considera clado monofilético Ophioglossaceae+Psilotaceae aunque las evidencias morfológicas no sean robustas.

• Mi hipótesis, intentando ser lo más adecuada y congruente, está basada en el postulado de Wagner [98], de considerar a Psilotaceae con un rango taxonómico independiente, por sus caracteres únicos y distintivos (c.f. pág. 13), pero también tratando de trazar una historia evolutiva conjunta con Ophioglossaceae a la luz de la contundencia de los datos moleculares, siendo esta labor empíricamente difícil por la carencia también absoluta de fósiles de Ophioglossaceae (tan solo desde el Paleoceno [78], igualmente en estasis morfoestructural en todo su escaso registro fósil). Pryer [70] obteniendo una sincronización cronológica de evidencias fósiles y cambios moleculares de Monilophyta plasmados en la escala cronoestratigráfica, calculó que la divergencia del grupo Psilotaceae+Ophioglossaceae del resto de Monilophyta se produjo en el Devónico Superior (364 M.a.), y la separación de Ophioglossaceae y Psilotaceae en el Carbonífero Superior (306 M.a.). Estos datos darían apoyo a esta teoría, las Ophioglossaceae y Psilotaceae son descendientes directos de la gran diversidad de especies que tuvieron lugar desde Trimerófitos (descendientes de Rhyniophyta) en el Devónico Superior, cercanas a las Progimnospermas (también supuestamente descendientes de Trimerófitos). Por la inexistencia total de fósiles es imposible establecer los precursores anatómicos de las estructuras de Psilotaceae y Ophioglossaceae. Las hipótesis evolutivas y filogenéticas son inminentemente ciegas, manteniéndonos expectantes ante nuevos hallazgos de fósiles de estos grupos.

Existen muchas incógnitas intrigantes en este enigma, como la asombrosa evolución genómica de estas dos familias. Los análisis de la cantidad de DNA [55] en este grupo son difíciles de interpretar. Psilotaceae y Ophioglossaceae tienen 72,7 pg y 65,6 pg respectivamente, ambos muy superiores a todos los demás Monilophyta (13,6 pg de media). Además, el alto valor C de estas dos especies se ha producido por procesos citogenéticos diferentes, poliploidización en *Ophioglossum* (con pequeños y numerosos cromosomas, 2n>1440, de 1,5-4,5 µm [44]), y un incremento en el tamaño de los cromosomas en *Psilotum* (2n= 52, 104, 156, 208 de 4,5-18 µm) [2,49]. Las plantas con semilla descendientes (supuestamente) de Progimnospermas, tienen cargas genéticas de 6,75 pg de media (de 2,3 a 32,2 pg, y alguna excepción de Liliaceae que llega a 127 pg).

Si Ophioglossaceae y Psilotaceae son Progimnospermas supervivientes, han tenido una evolución a nivel citogenético extraordinario y dilemático, que no se corresponde con su relativa simplicidad estructural.

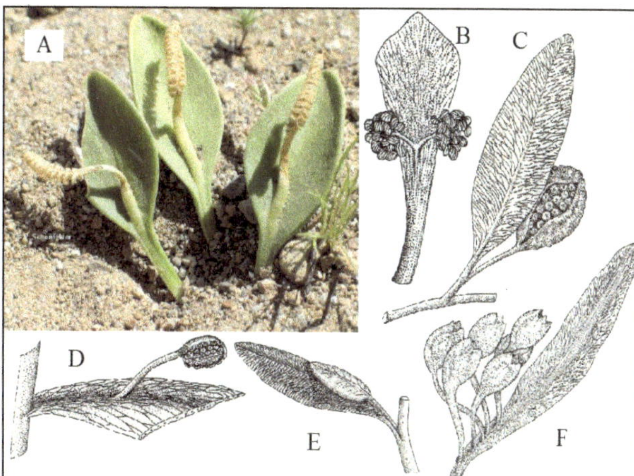

Figura 6:A: Hábito de *Ophioglossum polyphyllum*. Familia Ophioglossaceae. Género actual de distribución global. **B-F:**Recostrucciones de fósiles de Progimmnospermas Pérmicas (270 M.a.) mostrando la disposición de las hojas fértiles portando clusters de microsporángios (B) o capítulos de megasporángios (C-F). **B:** *Eretmonia sp.* **C:** *Dictyopteridium sp.* **D:** *Ottokaria bengalensis.* **E:** *Glossopteris (Dictyopteridium) sp.* **F:** *Denkania indica.* **A:** extraído de la página web de la universidad de Regensburg Alemania. **B-F:** Extraído de Stewart & Rothwell 1993.

• Apoyándome en la proposición de Kato [46] y prestando atención a las estructuras reproductoras de algunas Progimnospermas (fig 6 B-F pág. 24), hojas fértiles portadoras de esporangios (ya habían innovado en la heterosporia por lo que eran microsporangios y megasporangios preovulíferos), y a las hojas divididas de Ophioglossacae en esporóforo y trofóforo (fig 6-A pág 24), propongo la posibilidad de que estas estructuras posean algún mecanismo de regulación (creación) ontogénica homólogo al de los esporangióforos (enaciones) bífidos que sustentan los sinangios de Psilotaceae. Para indagar la verificación de esta hipótesis planteo estudios de la interacción entre los mecanismos genéticos y proteicos que desarrollan estas estructuras.

• Por último cabe mencionar que esta ingente trama de coincidencias morfoestructurales, bioquímicas y genéticas de Psilotaceae con otros grupos, que hace difícil establecer sus afinidades y filogenia, no solo se pueden explicar por el alto grado de homoplasia debido a su simplicidad estructural, sino también por el mecanismo de la Transferencia Horizontal de Genes (THG) que está cobrando un profundo auge con el descubrimiento de cada vez más genes xenólogos (genes homólogos supuestamente transferidos de un taxón a otro de forma no vertical) también en plantas (de hongos a plantas (Cytochome-C) [47], de procariotas a plantas [93,63,103], y entre distintas plantas: helecho y angiosperma [25], entre *Gnetum* (gimnosperma) y Asteraceae (angiosperma) [101]), considerándose un fenómeno impetuosamente común en la naturaleza [57,61,54,102,34,52,95,26,62].

Conclusiones

❖ PRIMERA: Las propuestas para explicar la historia evolutiva de Psilotaceae son:

1 – Pertenecen al grupo microfílico de Lycophyta.

2 – Ancestros directos sin apenas cambios morfológicos desde Rhyniófitos (ausencia total de fósiles Rhyniófitos desde el Devónico medio (360 Ma).

3 – Descendientes muy modificados desde algún grupo de Filicopsida del secundario (hacia caracteres casualmente similares a los de las primeras plantas vasculares).

4 – Separadas taxonómica y evolutivamente de los demás grupos de plantas vasculares vivientes y fósiles, mostrando características comunes a otros grupos, pero poseyendo muchos otros caracteres únicos, que las distinguen como grupo taxonómico independiente.

5 – Formando, junto a Ophioglossaceae, un grupo basal del clado monofilético de las Monilophyta. Con una evolución poco clara de los caracteres morfoanatómicos por su simplicidad estructural. Y con la posibilidad, a partir de las interpretaciones de Kato [46] de ser Progimnospermas supervivientes (o grupo cercano) desde el Devónico superior (350 Ma) o desde las Progimnospermas más tardías del Triásico superior (205 Ma) con diversos cambios evolutivos (incluso regresiones) y sin dejar ningún registro fósil hasta la fecha.

Analizando estas hipótesis, concluyo que:

❖ SEGUNDA: No se puede proponer una hipótesis unificada a la luz del estado actual de los conocimientos.

❖ TERCERA: No existen suficientes evidencias como para descartar ninguna hipótesis tajantemente.

❖ CUARTA: Las hipótesis con más datos rebatibles y susceptibles de ser criticadas son:

- La interpretación licopodial.
- La hipótesis Filical: Considerando las observaciones de Bierhosrt con posibilidad de subjetividad criticadas por muchos botánicos.
- La hipótesis de fósiles vivientes (descendientes de Rhyniofitos).

❖ QUINTA: La interpretación planteada por Kato [46] sobre la afinidad de Ophioglossaceae con Progimnospermas a partir de la estela, permite sugerir otra vía evolutiva, con la que hipotetizar la homología de algunos caracteres morfológicos.

❖ SEXTA: En mi opinión no se puede aceptar unánimemente los resultados moleculares (como se está haciendo en la vanguardia científica), prescindiendo desacatadamente de la recopilación y comparación de datos morfológicos llevada a cabo desde 1753.

❖ SÉPTIMA: Dada la conformidad obtenida de los últimos datos genéticos moleculares [69,70,88,72] que infieren que la máxima relación de parentesco de Psilotaceae es para con Ophioglossaceae, planteo como nuevas vías de investigación estudios profundos en genética del desarrollo y su evolución (Evo-Devo) de *Psilotum* y los organismos con los que se ha hipotetizado su parentesco por sus similitudes morfoestructurales, para tratar de esclarecer el significado y las posibles correlaciones de los caracteres moleculares genéticos con los morfoestructurales; y de esta forma poder comprobar si las supuestas y aparentes estructuras homoplásicamente idénticas eran homologías o analogías. En el caso de ser homólogas, tendrán rutas y roles genético-funcionales equivalentes dentro del interactoma; y verificar si éstas son también equivalentes en Ophioglossaceae.

❖ OCTAVA: No se puede descartar la Transferencia Horizontal de Genes (THG) como posible explicativo de alguna disconformidad en las hipótesis.

Bibliografía

1 – Abeeyes, H. des 1989. Botánica, vegetales inferiores. Editorial reverté. (p.666).

2 – Abraham A, Ninan CA, Mathew PM. 1962. Studies on the cytology and phylogeny of the pteridophytes VII. Observations on one hundred species of South Indian ferns. Journal of the Indian Botanical Society 41: 339–421.

3 – Allen, B.M. 1966. *Psilotum nudum* in Europe. Taxon 15: 82-83.

4 – Arracima, S., Hiroyoshi Takano, Kanji Ono, Susumu Takio. 2004. Chalcone synthase-like gene in the liverwort, Marchantia paleacea var. diptera. Plant Cell Rep. 23:167–173.

5 – Atlas y libro rojo de la flora vascular amenazada de España. 2003. Taxones prioritarios. Madrid 2003. Ed. Tragsa. (p.448).

6 – Bierhorst, D.W. 1953. Structure and development of the gametophyte of *Psilotum nudum*. American Journal of Botany. 40, 649-58.
7 – Bierhorst, D.W. 1954a. The origin of branching in the aerial shoot of *Psilotum nudum*. Virginia J. Sci. 5: 72-78.
8 – Bierhorst, D.W. 1954b. The subterranean sporophytic axes of *Psilotum nudum*. American Journal of Botany, 41: 732-739.
9 – Bierhorst, D.W. 1956. Observations on the aerial appendages in the Psilotaceae. Phytomorphology 6: 176-184.
10 – Bierhorst, D.W. 1968. On the Stromatopteridaceae (fam. nov.) and on the Psilotaceae. Phytomorphology 18: 232-268.
11 – Bierhorst, D.W. 1971. Morphology of vascular plants. Macmillan, New York.
12 – Bierhorst, D.W. 1974. Variable expression of the appendicular status of the megaphyll in extant ferns with particular reference to the Hymenophyllaceae. Ann. Missouri Bot. Gard. 61: 408-426.
13 – Bierhorst, D. 1977. The systematic position of *Psilotum* and *Tmesipteris*. Brittonia 29:3-13.
14 – Bold, H.C., Alexopoulos, C.J. & Delevoryas, T. 1987. Morphology of plants and fungi. Harper &Row, New York (trad. Esp. 1989)
15 – Boodle, L. 1904a. Secondary tracheids in *Psilotum*. New Phyt. 3. pp: 48-49.
16 – Boodle, L. 1904b. On the Ocurrence of Secondary Tracheids in *Psilotum*. An. Bot. 18.
17 – Bower, F. O. 1894. Studies in the morphology of spore-producing members Equisetineae and Lycopodineae. Phil. Trans. Roy. Soc. London. 185: 473-572.
18 – Bremer, K., Humphries, C. J., Mishler, B. D. & Churchill, S. P. 1987. On cladistic relationships in green plants. Taxon 36, pp.339-349.
19 – Bremer. 1988. The limits of amino acid sequence data in angiosperm phylogenetic reconstruction. Evolution 42: pp.795–803.
20 – Brownsey, P.J. & Lovis, J.C. 1987. Chromosome numbers for the New Zealand species of *Psilotum* and *Tmesipteris,* and the phylogenetic relationships of the Psilotales. *New Zealand Journal of Botany, 1987, Vol.25*: 439-454 0028-825X/87/2503-0439
21 – Carpenter, RJ. 1988. Early tertiary *Tmesipteris* (Psilotaceae) macrofossil from Tasmania. *Australian Systematic Botany* 1(2) 171 – 176.
22 – Carrión, J.S. 2003. Evolución vegetal. Ed. DM Murcia.
23 – Chadefaud, M. & Emberger, L. (1960). *Traité de Botanique. Systématique*. Tome II. Les végetaux vasculaires. Masson, Paris.
24 – Cooper-Driver, G. 1977.Chemical evidence for separating the Psilotaceae from the Filicales. Science. Vol. 198. 1260-2. 23 sept 1977.
25 – Davis CC, Anderson WR, Wurdack KJ, 2005. Gene transfer from a parasitic flowering plant to a fern. *Proc. Biol. Sci.*, 272:2237-2242.
26 – Daubin, V, Moran, NA y Ochman, H. 2003. Phylogenetics and the cohesion of bacterial genomes. Science 301(5634):829-32.
27 – Duckett, J.G. & Ligrone, R. 2005. A comparative cytological analysis of fungal endophytes in the sporophyte rhizomes and vascularized gametophytes of *Tmesipteris* and *Psilotum*. Can. J. Bot. Vol: **83**: pp.1443–1456. doi: 10.1139/b05-102 . 2005 NRC Canada
28 – Eggert, D.A. 1959. Studies of Paleozoic ferns. The morphology, anatomy, and taxonomyof Ankyropteris glabra. American Journal of Botany. 46 (7): 510-520.
29 – Emberger, L., 1944. Les Plantes Fossiles dans leur rapports avec les végétaux vivants (eléments de paléobotanique et de morphologie comparée). 492 p., 457.
30 – Esau, K., Cheadle & Gifford, E.M. 1953. Comparative structure and possible trends of specialization of the phloem. Amer. Jour. Bot. 40: 9-19.
31 – Flora Europaea. 1993. Volume I: Psilotaceae to Platanaceae. Second edition (p.3). Ed.Cambridge University Press, Cambridge.

32 – Flora Iberica. 1986. Vol.I: Lycopodiaceae – Papaveraceae. Madrid. (p.31) RJB-CSIC.
33 – Galtier, J. 1970. Recherches sur les vegétaux à structure conservée du Carbonifére inférieur Français. Paleobiologie Continentale (Montpellier) 1 (4): 1-221.
34 – Garcia-Vallvé, S, Romeu, A y Palau, J. 2000. Horizontal gene transfer in bacterial and archaeal complete genomes. Genome Res 10(11):1719-25.
35 – Gensel, P.G. 1976. *Renalia hueberi*, a new plant from the Lower Devonian of Gaspé. *Review of Paleobotany and Palinology*, 22. pp.19-37.
36 – Gensel, P.G. 1977. Morphologic and taxonomic relationship of the Psilotaceae relative to evolutionary lines in early land vascular plants. Brittonia 29: 14-29.
37 – Gifford, E.M. & Foster, A.S.1996. Morphology and evolution of vascular plants. Third Edition. W.H. Freeman and Company. New York.
38 – Hébant, C. 1976. Evidence for the presence of sieve elements in the vascularised gametophytes of *Psilotum* from Holloway's collections. New Zealand Jour. Bot., V.14: 187-191.
39 – Holloway, J.E. 1939. The gametophyte, embryo, and young rhizome of *Psilotum triquetrum* Sw. Ann. Bot. (London) (n.s.) 3: 313-336.
40 – Holmes, J. & J. Galtier. 1975. Ramification dichotomique et ramification latérale chez Psalixochlaena cylindrical, Fougére du Carbonifére moyen d'Angleterre. C.R. Acad. Sci., Ser. D. Paris. 280: 1071-1074.
41 – Hori, H., Lim,B. & Osawa, S. 1985. Evolution of green plants as deduced from 5S rRNA sequences.(5S rRNA sequencing/phylogenetic tree). PNAS. Vol. 82, pp. 820-823.
42 – Izco, J. 2004. Botánica. 2ª edición. McGraw-Hill-Interamericana. (p.393).
43 – Jeffrey, E.C. 1902. The structure and development of the stem in pteridophytes and gymnosperms. Phil. Tran. Roy. Soc. London, Ser. B.195: 119-146.
44 – Judd, W. S. Campbell, C. S. Kellogg, E. A. Stevens, P.F. Donoghue, M. J. 2002. *Plant systematics: a phylogenetic approach, Second Edition.* Sinauer Axxoc, USA
45 – Kaplan, D.R. 1977. Morphological status of the shoot systems of Psilotaceae. Brittonia, 29. 30-53.
46 – Kato, M. 1988. The phylogenetic relationship of Ophioglossceae. *Taxon*:37 p.381-386.
47 – Kemmerer, EC, Lei, M y Wu, R. 1991. Structure and molecular evolutionary analysis of a plant cytochrome c gene: surprising implications for Arabidopsis thaliana. J. Mol. Evol. 32(3):227-37.
48 – Kendrick, P. & Crane, P.R. 1997. The origin and early diversification of land plants. A cladistic study, Smithsonian Institution Press, Washington and London.
49 – Khandelwal S. 1990. Chromosome evolution in the genus *Ophioglossum* L. Botanical Journal of the Linnean Society 102: 205–217.
50 – Kidston, R. and W.H. Lang. 1917-1921. On Old Red Sandstone plants showing streucure from the Rhynie Chert bed. Aberdeenshire. I. Tans. Roy. Soc. Edin. 51: 761-784 (1917). II. 52: 603-627 (1921). III. 52: 643-680 (1921). IV. 52: 831-854. (1921).
51 – Kolukisaoglu, H., Marx, C. Wiegmann, S. Hanelt, H. Schneider-Poetsch. 1995. Divergence of the Phytochrome Gene Family Predates Angiosperm Evolution and Suggests That *Selaginella* and *Equisetum* Arose Prior to *Psilotum.* J Mol Evol 41:329-337.
52 – Koonin, EV, Makarova, KS y Aravind, L. 2001. Horizontal gene transfer in prokaryotes: quantification and classification. Annu Rev Microbiol 55:709-742.
53 – Kranz, H. D. & Huss, V. A. R. 1996. Molecular evolution of pteridophytes and their relationships to seed plants: Evidence from complete 18S rRNA gene sequences. Plant Syst. Evol. 202, 1±11 (1996).
54 – Lawrence, JG y Ochman, H. 1998. Molecular archaeology of the *Escherichia coli* genome. Proc Natl Acad Sci U S A 95(16):9413-7.
55 – Leitch, I.J., D. E. Soltis, P. S. Soltis & M. D. Bennett. 2005. Evolution of DNA Amounts Across Land Plants (Embryophyta). Annals of Botany 95: 207–217, 2005.

56 – Linneo, C. 1753. Systema Natvrae. 9ª Edición. Edimburgo.
57 – Lorenz, MG., Wackernagel, W. 1994. Bacterial gene transfer by natural genetic transformation in the environment. Microbiol. Rev. 58: pp. 563-602.
58 – Lugardon, B. 1976. Sur la structure fine de l'exospore dans les divers groupes de Ptéridophytes actuelles (microspores et isospores). Linn. Soc. Symposium Ser. nº. 1. 321-250.
59 – Manhart, J.R. 1994. Phylogenetic analysis of green plant rbcL sequences. *Molecular Phylogenetics and evolution* 3: 114-127.
60 – Manhart, J.R. 1995. Chloroplast 16S rDNA sequences and phylogenetic relationship of fern allies and ferns. *American Fern Journal* 85: 182-192.
61 – Miller, RV. 1998. Bacterial gene swapping in nature. Sci. Am. 278: pp. 66-71. In: Nester & Kosuge. 1981. Plasmids specifying plant hyperplasias. Annu. Rev. Microbiol. 35:531-65.
62 – Nakamura, Y, Itoh, T, Matsuda, H, et al. 2004. Biased biological functions of horizontally transferred genes in prokaryotic genomes. Nat. Genet. 36(7):760-6.
63 – Nester, EW & Kosuge, T. 1981. Plasmids specifying plant hyperplasias. Annu Rev. Microbiol 35:531-65.
64 – Pant, D.D. and Mehra, B. 1963. Development of stomata in *Psilotum nudum* (L.) Beauv. Curr. Sci. 32: 420-422.
65 – Perry, J.W. and Evert, R.F., 1975. Structure and development of sieve elements in *Psilotum nudum*. American Journal of Botanym 62: 1038-1052.
66 – Phillips, T. 1970. Morphology and evolution of *Botryopteris*, a Carboniferousage fern. Part 1. Observations on some European species: Palaeontographica Abt. B. 130: 137-172.
67 – Phillips, T.L. 1974. Evolution of vegetative morphology in coenopterid ferns. Ann. Missouri Bot. Gard. 61 (2): 427-461.
68 – Pryer, K., Smith, A.R. & Skog, J.E. 1995. Phylogenetic relationship of extant ferns based on evidence from morphology and rbcL sequences. *Amer. Fern Journal* 85: 205-282.
69 – Pryer et al. 2001. Horsetails and ferns are a monophyletic group and the closest living relatives to seed plants. NATURE. VOL 409.1 FEBRUARY 2001. pp.618-622.
70 – Pryer, K., Schuettpelz, E., Wolf, P.G., et al. 2004a. Phylogeny and evolution of ferns (Monilophytes) with a focus on the early leptosporangiate divergences. Amer. Jour. Bot., 91(10): 1582-1598.
71 – Pryer, K., Schneider, H. & Magallón. 2004b. The radiation of vascular plants. pp.138–153 in: Cracraft & Donoghue (eds.), *Assembling the Tree of Life*. Oxford Univ. Press, NY.
72 – Qiu, Y. et al. 2006. The deepest divergences in land plants inferred from phylogenomic evidence. *PNAS* October 17, 2006 vol. 103 no. 42 pp.15511-15516.
73 – Redecker, D. 2002. Molecular identification and phylogeny of arbuscular mycorrhizal fungi. Plant Soil 244 (2002) pp. 67–73.
74 – Reed, C.F. 1966. Index Psilotales. Sociedade Broteriana, Boletin 40: 71-96.
75 – Remy, W., Taylor, T.N. & Hass, H., Kerp, H. 1994. Four hundred million year old vesicular arbuscular mycorrhizae, Proc. Natl Acad. Sci. 91 (1994) pp. 11841–11843.
76 – Renzaglia, K.S. & Garbary, D.J. 2001. Motile gametes of land plants: diversity, development and evolution. *Critical Reviews in Plant Sciences*, 20:107-213.
77 – Roth, I. 1963. Histogenese der Luftsprosse und Bildung der "dichotomen" Verzweigengen von Psilotum nudum. Advan Frontiers Plant Sci. 7: 157-180.
78 – Rothwell, G.W. & Stockey, R.A. 1989. Fossil Ophioglossaceae in Paleocene of Western North America. *American Journal of Botany* 76: p.637-644.
79 – Rothwell, G.W. 1999. Fossils and Ferns in the Resolution of Land Plant Phylogeny. The Botanical Review. Vol. 65. No. 3. pp.188-211.
80 – Rouffa, A.S., 1967. Induced *Psilotum* fertile-appendage aberrations. Morphogenetic and evolutionary implications. Can. Jour. Bot. 45: 855-61.

81 – Rouffa, A.S., 1971. An appendageless *Psilotum*. Introduction to aerial shoot morphology. American Fern Journal. 61: 75-86.

82 – Rouffa, A.S., 1978. On phenotypic expression, morphogenetic pattern, and synangius evolution in *Psilotum*. American Journal of Botany. 65. N°: 6. pp. 692-713.

83 – Salvo, A. E., J. Iranzo, C., Prada, B. Cabezudo, L. España, T. E., Díaz-Gonzalez & J. Izco. 1984. Atlas de la Pteridoflora ibérica y balear. *Acta Bot. Malacitana* 9: 105-128.

84 – Schneider-Poetsch, H.A.W., John, G. and Braun, B., 1990. The distribution of a phytochome-like protein in the fern *Psilotum nudum*. Bot. Acta 103: 225-239. [8]

85 – Siegert, A. 1964. Morphologische, entwicklungsgeschichtliche und systematische Studien an *Psilotum triquetrum* Sw. I. Allgemeiner Teil. Erstarkung und primares Dickenwachstum der Sprosse. Beitr. Biol. Pflanzen 40: 121-157.

86 – Sinha, B. M. B.; Verma, A. K. 1971: A hexaploid *Psilotum nudum* (L.) Beauv. *Proceedings of the Indian science congress 58 :* 431.

87 – Smith, A. R. [et al. 2006], Pryer, K. M., Schuettpelz, E., Korall, P., Schneider, H., & Wolf, P. G. 2006. A classification of extant ferns. Taxon 55: 705-732.

88 – Smith, F.A. & Smith, S.E.1997. Structural diversity in (vesicular) arbuscular mycorrhizal symbioses, New Phytol. 137. pp. 373–388.

89 – Spiker, S. 1975. An evolutionary comparison of plant histones. Biochim Biophys Acta. 400 (2): 461-7.

90 – Stevenson, D.W. 2008. Ontogeny of the vascular system of *Botrychium multifidum* (S. G. Gmelin) Rupr.(Ophioglossaceae) and its bearing on stellar theories. Botanical Journal of the Linnean Society. Volume 80 Issue 1**,** Pages 41 – 52. Published Online: 28 Jun 2008.

91 – Stewart, W.N. & Rothwell, G.W., 1993. Paleobotany and the evolution of plants. Bambridge University Press, Cambridge.

92 – Strasburger, E. 2003. Tratado de botánica. 35ª ed. : act. por Peter Sitte ...[et al.] Publicación: Barcelona: Omega, D.L. ISBN: 8428213534.

93 – Stroun, M, Anker, P y Auderset, G. 1970. Natural release of nucleic acids from bacteria into plant cells. Nature 227(5258):607-8

94 – Sykes, M. 1908. The anatomy and morphology to *Tmesipteris*. Annals of Botany (London). Vol. 22: pp. 63-89.

95 – Syvanen, M. 2002. On the occurrence of horizontal gene transfer among an arbitrarily chosen group of 26 genes. J. Mol. Evol. 54(2):258-66

96 – Takiguchi, Imaichi & Kato. 1997. Cell division patterns in the apices of subterranean axis and aerial shoot of *Psilotum nudum* (Psilotaceae): Morphological and phylogenetic implications for the subterranean axis. American Journal of Botany, 84(5): pp.588-596.

97 – Verdoorn, F. 1938. Manual of Pteridology. Martinus Nijhoff, The Hague.

98 – Wagner, W.Jr. 1977. Systematic implications of the Psilotaceae. Brittonia,29.pp54-63.

99 – Wilhelm Thomé. 1885. *Flora von Deutschland, Österreich und der Schweiz*. Germany.

100 – Wolf, P.G. 1997. Evaluation of atpB nucleotide sequences for phylogenetic studies of ferns and other pteridophytes. *American Journal of Botany* 84: 1429-1440.

101 – Won H, Renner SS. 2003: Horizontal gene transfer from flowering plants to *Gnetum*. *Proc. Nat. Acad. Sci. USA*, 100:10824-10829.

102 – Yap, WH, Zhang, Z y Wang, Y. 1999. Distinct types of rRNA operons exist in the genome of the actinomycete *Thermomonospora chromogena* and evidence for horizontal transfer of an entire rRNA operon. J. Bacterial 181(17):5201-9.

103 – Zhu, J, Oger, PM, Schrammeijer, B, et al. 2000. The bases of crown gall tumorigenesis. J. Bacterial 182(14):3885-95.

CON GRIN SUS CONOCIMIENTOS VALEN MAS

- Publicamos su trabajo académico, tesis y tesina

- Su propio eBook y libro - en todos los comercios importantes del mundo

- Cada venta le sale rentable

Ahora suba en www.GRIN.com y publique gratis